恐龙大追踪

崔钟雷 编著

致命偷袭——
横行海洋的凶猛蛇颈龙

知识出版社

前言

　　6 500 多万年前，地球上发生了未知的可怕灾难。突如其来的巨变让主宰地球长达 1.6 亿年的神秘恐龙和许多生物一起消失了。直到一名欧洲人发现了许多埋藏在地下的巨大骨骼化石，恐龙及史前时期一些神秘的动物才慢慢被人了解，并逐渐成为孩子们最感兴趣的史前生物。

史前生物是如何生存的？它们有什么样的特殊习性？又是什么原因让这些史前生物从地球上消失了呢？为了满足孩子的好奇心和探索精神，我们精心打造了《恐龙大追踪》系列丛书。让神秘而有趣的水中史前生物带领孩子们开启终极探险的神秘之旅，一起去破解神奇的自然密码！

总之，本套丛书用简单活泼的语言和生动逼真的图片引领孩子走进神秘的史前时代；用严谨科学的讲解方式帮助孩子形成对恐龙的系统认识；趣味问题及揭晓答案会和孩子进行充分的互动，让孩子对书本爱不释手。相信这套将精彩图文与独特设计完美融合的图书一定会带领孩子走进超级刺激的恐龙体验乐园，让孩子爱上阅读，爱上探索。

编　者

目录
MULU

大眼鱼龙

命名原因

　　大眼鱼龙的希腊文意思为"眼睛蜥蜴"，它们因眼睛大而得名。大眼鱼龙生存于侏罗纪中期到晚期，是一种肉食性鱼龙。

优美的外形

　　大眼鱼龙有与海豚类似的优美外形，这种流线型身体可以减小水流的阻力，从而提高大眼鱼龙的游泳速度。大眼鱼龙在游泳速度上的优势有助于它们在猎食过程中快速追击猎物，也有利于躲避敌害的攻击。

趣味问题

　　大眼鱼龙的大眼睛有什么样的特点呢？

身体结构

　　大眼鱼龙的尾鳍是垂直生长的，而非水平生长的，这就决定了大眼鱼龙不可能像海豚那样跃出海面，但是大眼鱼龙还是会经常游到海面呼吸空气。

繁殖方式

　　和其他的鱼龙类动物一样，在生产过程中，大眼鱼龙幼崽是尾巴先出来的，这样的产崽方式可以避免幼崽在出生的时候被溺死。

黑暗中觅食

最新研究显示，大眼鱼龙在光线微弱的深水中也可以猎食，这样，大眼鱼龙在很多鱼类都活跃的夜晚更容易捕获猎物。

揭晓答案

大眼鱼龙的眼窝直径大约有 10 厘米，视觉器官占据了头颅骨的大部分空间，而且它们的眼球四周都有眼眶，这样能防止大眼睛被巨大的水压"压扁"。

巨齿鲨

体形最大

　　巨齿鲨是迄今为止地球上体形最大的动物，它们生活在古近纪晚期到新近纪早期，是现今大白鲨的近亲，但是它们要比大白鲨大得多。巨齿鲨仅尾鳍的长度和一只大白鲨的体长相当。

趣味问题

在广阔的海洋中，巨齿鲨有怎样的捕食优势呢？

巨大的牙齿

　　巨齿鲨名字的意思是"巨大的牙齿"，它们的牙齿绝对配得上这个学名。巨齿鲨的嘴中长有超过 250 颗牙齿，每颗牙齿长约 17 厘米。巨齿鲨的牙齿边缘呈尖锐的锯齿状，这种牙齿是切割肉类的最好工具。

巨齿鲨的体重

　　古生物学家将发现的巨齿鲨化石与现代的鲨鱼比较后推测，巨齿鲨的体重能达到 100 吨。这样的体重几乎与 30 头大象一样重，是大白鲨体重的 20 倍。

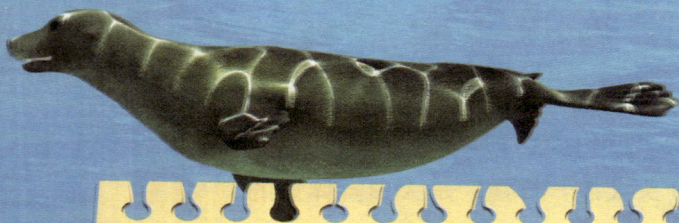

灭绝原因

　　很多古生物学家猜测，巨齿鲨主要以鲸类为食，当地球冰川时代来临时，两极地区的海水变冷，鲸类可以凭借体表厚重的脂肪抵御严寒，但巨齿鲨不能御寒，所以，当鲸类为躲避天敌猎杀躲到两极地区的时候，巨齿鲨的食物资源锐减，最终，巨齿鲨这种大型猎食者因为食物不足而灭绝了。

可怕的猎食者

巨齿鲨是海洋中最凶狠、最可怕的猎食者，它们猎食的对象有鲸类、海豚和海豹等。虽然巨齿鲨的体形庞大，但这丝毫没有限制它们的速度。一旦发现猎物，巨齿鲨就会迅速向猎物移动。

揭晓答案

除了锋利的牙齿和较快的游速外，巨齿鲨还具备十分强大的咬合力。其咬合力比霸王龙还大，能轻易咬穿鲸的骨头，使其瞬间死亡。

15

无齿龙

似龟不是龟

　　无齿龙又名无盾齿龙，身长约 1 米，生存于三叠纪晚期。无齿龙的外形与现今的海龟类似，但它们不是海龟，甚至跟海龟没有任何亲缘关系。

生活习性

　　无齿龙主要生活在浅海海域，它们经常会到海面或沙滩上呼吸空气。虽然无齿龙已经进化出四肢，但它们的四肢软弱无力，无法支撑起它们的身体，所以无齿龙只能在海边缓慢爬行，而无法到陆地上行走。

趣味问题

　　无齿龙没有牙齿，这会不会影响它们进食呢？

骨质甲片

无齿龙背部和腹部覆盖着骨质甲片，能够有效抵御大型海洋动物的袭击。

揭晓答案

无齿龙虽然没有牙齿，但它们的上下颌演化成了两片硬喙，有点像鸭嘴。无齿龙主要捕食水生甲壳类动物，坚硬的喙状嘴能帮助其咬碎甲壳类动物的外壳。

误解

很多人认为无齿龙的四肢像乌龟的四肢一样可以缩进保护壳中，但事实上并非如此，乌龟的四肢长在胸腔中，所以能自由伸缩，但无齿龙的四肢长在身体两侧，无法完全缩入保护壳中。

身体特点

无齿龙的喙状嘴呈方形，位于眼睛正前方，使无齿龙的脑袋看上去就像一个盒子。从外形上看，无齿龙与海龟有几分相像，但无齿龙由骨板构成的保护壳呈长方形而非圆形，并且相对扁平。

克柔龙

体形特点

克柔龙又名克诺龙、长头龙，是最大的海洋爬行动物之一。克柔龙的身体浑圆，看起来像一个圆桶。它们的头部很长，长度能占到整个身长的三分之一，而它们的嘴部几乎与头部一样长。

趣味问题

克柔龙有什么利于游泳的身体结构呢？

捕食特点

　　克柔龙是一种肉食性动物，主要以其他海洋爬行动物、鱼类，以及软体动物为食。在捕食的时候，克柔龙先悄悄地接近猎物，然后张开自己巨大的双颌，迅速地用牙齿咬住猎物。

命名原因

    克柔龙的名字来自于希腊神话中泰坦巨神的领袖克罗诺斯。在希腊神话中，克罗诺斯吃掉了自己的孩子——奥林四斯十二主神。用克罗诺斯来命名这种海洋肉食性动物，足以看出其残暴的本性。

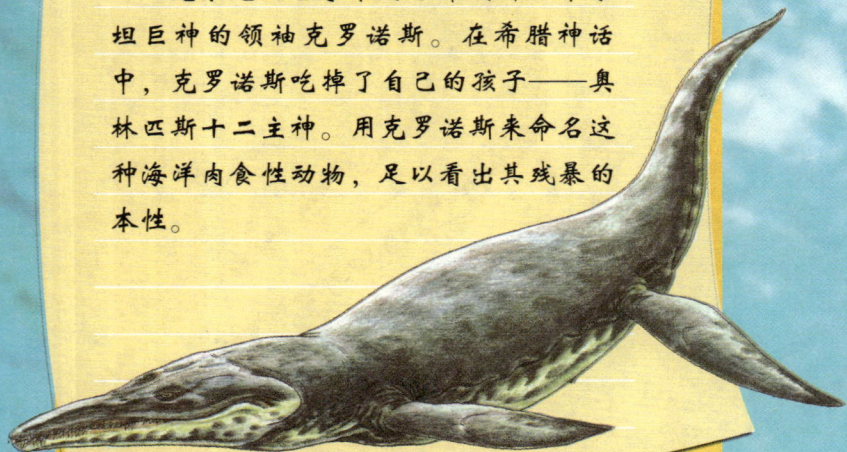

体长争议 >>>>

长久以来，古生物学家认为克柔龙的身长能达到12.8米。但后来的研究表明，克柔龙的身长可能只有9~10米。

揭晓答案

克柔龙的前肢呈鱼鳍状，能够控制划水的方向；鼻孔位于头顶，有利于浮上水面呼吸；短小的颈部缩小了身体的长度和体积，有利于提升划水的速度。

23

幻龙

趣味问题

幻龙的四肢并不是鳍状，它们在水中可以自在地游动吗？

身体特点

幻龙是一种生存在三叠纪时期的鳍龙类生物，当时海洋中生活着不同种类的幻龙，最小的幻龙体长只有 36 厘米，而最大的幻龙体长可达 6 米。幻龙嘴中有长而锋利的牙齿，主要以海洋鱼类为食。

生活习性

幻龙锐利的牙齿能帮助它们捕食鱼类，即使是身体表面光滑的鱼类，幻龙也能轻易抓住。另外，幻龙偶尔也会到陆地上活动。在海岸边及洞穴中发现的幼体幻龙化石，就有力地证明了这一点。

四肢特点

幻龙的四肢强壮，而且不像蛇颈龙的四肢一样呈鳍状，而是具有脚趾和蹼，所以幻龙有可能可以长时间停留在陆地上进行交配、产卵等活动。

揭晓答案

幻龙是半海生动物，它们可能过着类似现代海豹的生活。幻龙虽然有脚趾和蹼，但它们尾巴可能呈鳍状。幻龙可能通过摇摆尾巴、四肢和长蹼的脚掌，获得在水中前进的动力。

奇虾

古怪的虾

　　奇虾的名字意为"古怪的虾"，奇虾的身体扁平且十分柔软，能够在水中自由移动。它们是节肢动物的近亲，身体有体节结构。奇虾有很多对附肢，第三与第五对附肢中间是身体最宽的部位，到尾部逐渐变窄。

独特的口部结构

　　奇虾的口部结构十分独特，由 32 个牙板构成，形状类似菠萝切片，这些牙板相互之间并不能接触到。在层叠的牙板中间，有一圈尖锐的牙齿。口部的前端还有两个类似虾尾的附肢。

趣味
问题

奇虾在水中是怎样移动的呢?

你知道吗

?

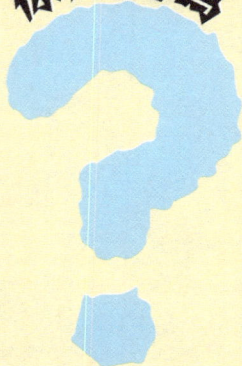

　　奇虾的附肢数量一直是一个谜,越接近尾端的附肢越难分辨,因此附肢的数量很难计算。但古生物学家推测,奇虾至少拥有11对附肢。

揭晓答案

　　奇虾身体两侧有柔软的附肢，附肢在身体的两侧重叠在一起，形成一个"扇片"，在尾巴的协助下，使奇虾在水中呈波浪形移动。

顶级猎食者

奇虾是加拿大地区出现过的体形最大的动物之一，古生物学家认为它们是寒武纪时期海洋中的顶级猎食者。奇虾尖锐的牙齿能够帮助它们轻松地咬开小型节肢动物的外壳，从而猎食它们。

敏锐的复眼

长久以来，古生物学家一直认为三叶虫的复眼是最敏锐的。直到发现奇虾后，古生物学家认为奇虾的复眼比三叶虫的复眼敏锐 30 倍。奇虾复眼上晶状体的数量多达 16 000 个，数量之多只有现在的蜻蜓能够与之相比。

沙尼龙

特别之处

　　沙尼龙最特别的地方就在于它们有四个非常大的鳍状肢，而且这些鳍状肢几乎是等长的。沙尼龙的鳍状肢既可以用来划水，也能够帮助它们保持平衡。此外，沙尼龙还有一条像鱼一样的长尾巴，这可以使其游动时更加有力。

庞大的身躯

　　沙尼龙生活在三叠纪晚期的美洲，是一种巨型海生动物，看上去像是鲸鱼与海豚的结合体。沙尼龙的身躯十分庞大，身长一般为 15 米，最长的可达 20 米左右。沙尼龙的吻部细长，上下颌长而窄，口中几乎没有牙齿。

趣味
问题

沙尼龙是从陆生爬行动物演化而来的，后来到了水中生活它们是终生都生活在水中吗？

乌贼猎手

　　沙尼龙主要捕食乌贼和鱼类，尤其对乌贼青睐有加。因此，沙尼龙被称为"深海中的乌贼猎手"。巨大的眼睛使它们即使在深海中也能拥有良好的视力，能迅速发现猎物。

揭晓答案

沙尼龙很好地适应了水中生活，并终生以水为伴。沙尼龙在水中捕猎，即使繁殖和分娩也完全在水中进行，但是它们会回到海面呼吸空气。

邓氏鱼

地位显赫

邓氏鱼是一种生活在泥盆纪时代的古生物，身体长约 10 米，体重可达 4 吨，被视为泥盆纪的顶级猎食者，其在海洋生态系统中的优势地位明显高于其他动物。

强大的咬合力

邓氏鱼是一种巨型肉食性厚皮鱼，拥有地球上存在过的生物中最大的咬合力，可以一口将巨大的鲨鱼咬成两段。邓氏鱼可以捕食当时海洋里的任何一种生物，位于当时海洋食物链的顶端。因此，邓氏鱼很可能是地球上的第一个"百兽之王"。

趣味问题

邓氏鱼可谓当时海洋中的霸主，可是后来为什么还会灭绝呢？

41

食物来源

邓氏鱼是杂食性"巨无霸",任何能咬碎的动物都可能成为它们的食物,包括鲨鱼、三叶虫、菊石、鹦鹉螺等。邓氏鱼生活在较浅的海域中,拥有异常旺盛的食欲,再加上强大的力量,邓氏鱼成为当时海洋中的"杀戮机器"。

揭晓答案

巨大的身躯极大地影响了邓氏鱼的运动速度和灵敏度,这使得它们在进化过程中渐渐输给了小型鲨鱼和其他肉食性动物,再加上地球的环境变化,邓氏鱼最终离开了生物繁衍进化的舞台。

进化过程

邓氏鱼是由一种盾皮鱼进化而来的，在邓氏鱼的头部和颈部都覆盖着厚厚的"盔甲"，另外，邓氏鱼还进化出了可上下活动的颚，成为地球上最古老的有颚脊椎动物之一。

吸力惊人

邓氏鱼的捕猎"绝招"不仅仅是强大的咬合力，它们能在1/50秒的时间内张开大嘴，用强大吸力把猎物吸进口中。巨大的吸力和强劲的咬合力使邓氏鱼成为一种罕见的凶猛生物。

沧 龙

大小不一

　　沧龙是一种大型海洋爬行动物，种类繁多，且大小不一。体形较小的沧龙身长约 4 米，体形较大的沧龙身长可达 17 米。

外形特征

沧龙是一种肉食性海生爬行动物，遍及世界各地。从外形上看，沧龙与鳄鱼有几分相似。沧龙的头部巨大，强壮的颚骨具有很强的咬合能力，口中的牙齿呈圆锥形，并且向内弯曲。沧龙的上颚内部还有一圈内齿，可以牢牢咬住猎物。

趣味问题

沧龙是海洋的霸主，这是否代表它们有很高的游泳本领呢？

发达的听觉

沧龙的耳部结构特殊，能将接收到的声音放大近 40 倍，这使沧龙的听觉十分灵敏，而且它们还能通过猎物发出的声音分辨猎物的方位，这是沧龙在捕食过程中的"绝活"。

海洋霸主 ▶▶▶▶

科学家推测，一只成年的沧龙可以同时对抗几只金厨鲨。因此，沧龙无疑是当时海洋里的霸主。

食性特点

沧龙的食谱非常丰富，它们的食物包括金厨鲨、海龟、鱼龙、薄片龙等。沧龙的性情十分凶猛，进食时的场面十分血腥，它们会直接咬死并吞下体形较小的猎物，它们也会紧紧咬住大型猎物，然后用力甩动头部，将猎物撕碎。

揭晓答案

　　沧龙虽然是海洋霸主，但并非是游泳好手，它们经常躲在海藻或礁石区伏击猎物，等猎物游到它们身边时，便张开大口咬住猎物，被它们咬住的动物很难逃脱。

鱼龙

体形特征

　　鱼龙长得很像鱼，但它们并不是鱼，而是一种生活在海洋里的爬行动物。鱼龙体形较小，吻部又细又长，口中有数十颗像针一样小而锋利的牙齿，四肢呈鱼鳍状，尾部扁平。这种体形非常适合在保持身体平衡的前提下快速游泳。

良好的视力

鱼龙的眼睛很大，水下视力相当好。当鱼龙下潜到深海时，其眼周的骨环能够很好地保护它们的眼睛，避免强大的水压对眼睛造成伤害。

趣味问题

你知道鱼龙的演化历程和生活习性是怎样的吗？

繁殖方式

　　鱼龙是一种卵胎生爬行动物，它们直接在水中产崽，成年鱼龙还可能一直照顾刚出生的小鱼龙，直到小鱼龙能独立生存。

揭晓答案

　　鱼龙是从陆生爬行动物演化而来的，它们已经很好地适应了水中的生活，成为了终生生活在水中的海生肉食性爬行动物，但是它们会回到海面呼吸空气。

真鼻龙

独特的颌部

真鼻龙的上颌长度是下颌长度的两倍，而且上下颌都长有细密而尖锐的牙齿，这样的身体特点完全不同于其他的鱼龙类，而是与现生动物锯鳐很像。

趣味问题

真鼻龙上颚很长，这有什么作用吗？

鱼一般的外形

真鼻龙拥有鱼一般的外形，身体呈纺锤形，没有明显的颈部，头与身体自然地融合在一起。真鼻龙的四肢已经演化成了鳍状肢，除此之外，它们还有背鳍和尾鳍。这些鳍状物不仅能用来划水，还能保持身体平衡。

揭晓答案

　　真鼻龙在觅食时会用它们长长的上颚插入海底的泥沙中，猎捕躲在海底的鱼和软体动物。此外，它们还会用上颚直接刺向猎物，这种捕食方法与剑鱼和旗鱼类似。

良好的视力

真鼻龙拥有良好的视力，即使是在光线暗淡的夜间和深海里，也能够轻松地捕捉到猎物。

泰曼鱼龙

体形庞大

　　泰曼鱼龙又名切齿鱼龙，生存于侏罗纪早期，化石发现于英国和德国。泰曼鱼龙是一种大型鱼龙，身长可能超过 12 米。

游泳健将

泰曼鱼龙的本形十分适合游泳，而且它们的游泳速度非常快。巨大的尾巴能帮助泰曼鱼龙在水中穿行，又长又窄的鳍状肢能帮助泰曼鱼龙控制游动方向。

趣味问题

你知道泰曼鱼龙的眼睛有什么特殊之处吗？

深海猎手

　　泰曼鱼龙生活在深海地区，主要猎食菊石和乌贼，即使在漆黑的深海也能捕捉猎物。泰曼鱼龙的嘴巴长而尖，上下颌密布着锥状的牙齿，能够咬住体表光滑的鱼类。

揭晓答案

泰曼鱼龙的眼睛直径将近 20 厘米，它们的眼睛是目前已知的脊椎动物中最大的。大大的眼睛也使泰曼鱼龙拥有了良好的视力。

你知道吗

泰曼鱼龙不仅仅是游泳健将，还是潜水高手。泰曼鱼龙能够快速地下潜至 600 米深的海域，而且能够在那里待上 20 分钟，这使泰曼鱼龙有充足的时间捕捉猎物。

狭翼鱼龙

外形特征

　　狭翼鱼龙的口鼻部很长，而且长有许多大型牙齿，四肢呈鳍状。狭翼鱼龙具有三角形背鳍，以及巨大的半流线型的尾鳍。

捕食特点

狭翼鱼龙很可能采取群体围猎的方式追踪鱼群，等到鱼群汇集时饱餐一顿，这样的捕食方式与现今的海豚很相似。狭翼鱼龙在捕食的时候会先用长长的吻部紧紧地咬住光滑的鱼，然后将整条鱼吞食。

趣味问题

狭翼鱼龙是游泳高手，那它们游泳的优势在哪里呢？

大眼睛

狭翼鱼龙长有一双大眼睛，这双大眼睛是狭翼鱼龙捕食的秘密武器，在500米深的海底，狭翼鱼龙的视力要比在夜间捕食的陆地哺乳动物还好，它们能轻易地发现海底移动的生物。

生活习性

狭翼鱼龙的一生都是在海洋中度过的，它们会选择开放且食物资源丰富的海域作为生存基地，只有在躲避大型猎食者的时候，它们才会暂时离开。

揭晓答案

狭翼鱼龙的流线型身体表面很光滑，大大减小了它们在水中游动时的阻力；另外，强壮的尾鳍能为它们提供强大的前进动力。

适合海洋生活 >>>>

狭翼鱼龙非常适合在海洋中生活，它们有着和鱼相像的外形，并通过身体的左右摆动向前游动。古生物学家曾在狭翼鱼龙化石的腹腔内发现了幼龙的化石，因此推测这类动物可能是胎生而不是卵生的。

植 龙

身体特点

植龙的鼻孔位于双眼上方，而不是口鼻部前端，这是对水生环境的自然适应。它们的身体覆盖着坚硬的厚甲，有几排骨质鳞甲从背部一直延伸到尾部，这是它们防御敌人的有力武器。

鳄鱼的远亲

植龙的身体结构与鳄鱼非常像，很多人曾误认为植龙是鳄鱼的祖先，但古生物学家经过细致研究后一致认为，植龙并不是鳄鱼的祖先，而是鳄鱼的远亲。

趣味问题

你知道植龙是如何捕食陆地动物的吗？

半水栖生活

　　植龙的生活习性与鳄鱼类似。植龙是一种半水栖动物，主要生活在水中，但它们也能在陆地上自如地行走，有时它们还会来到陆地上捕食。

奇特的名字

植龙的名字中虽然有"植"字，但植龙并不是一种植食性动物，而是一种凶猛的肉食性动物。最早发现植龙的人误认为它们是一种植食性动物，所以才有了这个与植龙食性大相径庭的奇特名字。

食性特点

植龙的口鼻部细长，上下颚长满圆锥状牙齿，主要以鱼和小型爬行动物为食。植龙在水中能够快速攻击猎物，但是在陆地上，植龙无法长时间追捕猎物。

揭晓答案

　　捕食陆地动物时，植龙会埋伏在水下，只将鼻孔露出水面。一旦有动物到水边饮水，隐藏在水中的植龙就会伺机发动攻击。

69

扁鳍鱼龙

分布范围

　　扁鳍鱼龙的分布范围很广，它们的化石在澳大利亚、俄罗斯、美国、哥伦比亚和西欧等地都有发现，甚至在新西兰也有它们的踪影。化石中包括成年体、未成年体和刚出生的幼年体与怀孕中的雌性个体。

外形特点

　　扁鳍鱼龙的外形与传统的鱼龙类动物相似，成年扁鳍鱼龙全长 7 米，

口鼻部长而尖，并且有强壮的鳍状尾，

另外，扁鳍鱼龙的腕骨已经完全消失。

趣味问题

　　扁鳍鱼龙是因其特别的鳍而得名的，它们的鳍是什么样子的呢？

曾用名

扁鳍鱼龙刚被发现的时候被命名为"南方鱼龙"，随着人们对这种动物了解的不断深入，古生物学家将这种动物重新命名为"扁鳍鱼龙"。

揭晓答案

扁鳍鱼龙的前鳍状肢展开之后呈宽广、扁平的形状，因此这种动物得名"扁鳍鱼龙"。

有力的嘴

扁鳍鱼龙长着长而有力的嘴，并且嘴中长有许多牙齿，从这个特征可以推测出，扁鳍鱼龙主要以鱼类为食，而且其捕食能力很强。

没有听觉

古生物学家利用高科技影像技术对扁鳍鱼龙的大脑断层进行扫描，扫描结果显示，扁鳍鱼龙大脑中缺失听觉系统，也就是说，扁鳍鱼龙是听不见声音的。

73

混鱼龙

趣味问题

混鱼龙是怎样捕食鱼类的?

原始特征

　　混鱼龙生活在三叠纪中期,是以鱼类为食的海洋爬行动物。混鱼龙身长只有 1 米左右,而且在形态特征上保留了很多原始爬行动物的特点,这也从侧面证明了海洋爬行动物与陆地爬行动物有共同的祖先。

你知道吗

混鱼龙是最小的鱼龙类动物之一，外形介于像鳗鱼的鱼龙类动物与像海豚的鱼龙类动物之间，混鱼龙的名字也由此而来。

游速缓慢

混鱼龙拥有长尾巴，尾巴有下鳍，这显示它们的游泳速度较慢。混鱼龙还长有背鳍，可在水中保持身体平衡。

揭晓答案

在水中游动时，混鱼龙会左右摆动尾巴突然加速，出其不意地攻击鱼群。混鱼龙狭长的吻部长满了尖锐的牙齿，是捕食的重要武器。

分布广泛

　　古生物学家在世界大部分地区都发现了混鱼龙的骨骼化石，这表明混鱼龙在其生存的时代是一种分布广泛的动物，在世界各地的海洋中都能看到它们的身影。

鳍状肢构成

　　混鱼龙每个鳍状肢由 5 个脚趾构成，较晚的鱼龙属每个鳍状肢由 3 个脚趾构成。而且混鱼龙每个脚趾的骨头比一般鱼龙类脚趾骨头更为独立，前鳍状肢比后鳍状肢长。

剑射鱼

剑射鱼生存于白垩纪中晚期，是一种大型硬骨鱼类，最大的剑射鱼身长达到 6 米。剑射鱼有一个很大的嘴，嘴里长有很多锋利的牙齿。

趣味问题

剑射鱼从生到死的地位是如何转变的呢？

分布广泛

剑射鱼的分布十分广泛。目前，古生物学家在北美洲、欧洲以及澳大利亚大陆都发现了剑射鱼的化石遗骸。

大型猎食者

剑射鱼的身体修长，身上长着发达的肌肉，这样的身体结构很适合游泳，因此剑射鱼是游泳健将。它们能在水中快速游动，寻找猎物。发现猎物后，剑射鱼会利用它们大大的嘴将猎物一口吞下。

揭晓答案

剑射鱼生前是强大的猎食者，古生物学家在剑射鱼的胃部发现了至少12种动物的残骸。但是当剑射鱼死后，它们的尸体就成为了白垩纪时期鲨鱼的食物。

猎物的伤害

　　剑射鱼虽然是一种大型猎食者，但体形较大的猎物也会给其带来伤害。古生物学家在一条剑射鱼化石的胃部发现了一条两米长的鱼类残骸，这条鱼在剑射鱼胃中挣扎，破坏了剑射鱼体内的器官，导致剑射鱼的死亡。

鹦鹉螺

　　鹦鹉螺是一种至今仍然存活的海洋软体动物，早在古生代，鹦鹉螺就已经出现在海洋中并逐渐遍布全球，但目前，鹦鹉螺的分布范围有限，只生存于印度洋和太平洋的部分海域。现生鹦鹉螺的体长只有 20 厘米左右，但是在奥陶纪的海洋中，最大的鹦鹉螺体长超过 10 米，堪称海洋中的顶级猎食者。

海洋"活化石" ▶▶▶

　　鹦鹉螺已经在地球上经历了数亿年的演变，但外形、习性等变化很小，被称作"海洋中的活化石"，在研究生物进化方面有很高的价值。

趣味问题

　　鹦鹉螺并不强壮，它们是怎样捕食的呢？

繁殖方式

鹦鹉螺雌雄异体。雌鹦鹉螺每年产卵一次，一般将卵产于浅水岩石上，孵化期 12 个月。新出壳的小鹦鹉螺体长约 3 厘米。

暖水中生活

鹦鹉螺为暖水性动物，生活适宜水温为 19℃~20℃，一般生活在 50~300 米深的海洋中，通常夜间活跃，日间则躲在珊瑚礁浅海的岩缝中，以触手黏在岩石上歇息。鹦鹉螺死亡后，身躯软体脱壳沉入海底，其空壳则随洋流漂移，研究鹦鹉螺空壳的漂移路线对洋流的分析有一定意义。

外形特点

鹦鹉螺的壳薄而轻，外壳以脐部为中心呈螺旋形盘卷，而且有颜色鲜艳的生长纹从壳的脐部辐射而出。从外形上看，鹦鹉螺的外壳形似鹦鹉嘴，因此而得名"鹦鹉螺"。

生物价值

现存的鹦鹉螺种类不多，但是鹦鹉螺化石的种类超过两千五百种，这些化石分布在全世界不同地质年代的地层中，是重要的地质特征研究材料，对于研究古生物演变、地质变迁和海洋环境变化有重要的意义。

揭晓答案

鹦鹉螺长有细密的触手，触手最多可达 90 根。它们用触手捕捉小鱼和甲壳类动物，触手能够牢牢地抓住猎物，并将猎物送进嘴中。

粒骨鱼

体形袖珍

粒骨鱼是一种远古鱼类，生活在泥盆纪中晚期的北美洲和欧洲。粒骨鱼的体形十分袖珍，身长只有40厘米。粒骨鱼的头宽扁，头部和胸部覆盖着厚重的甲片。

趣味问题

体形袖珍的粒骨鱼在捕食的时候有什么特点呢？

凶猛的捕食者

粒骨鱼生活在淡水湖中，以其他鱼类为食。粒骨鱼长着鸟喙状的嘴，上下颌的边缘如刀刃般尖锐，有很强的咬合能力，即使遇到大型猎物，粒骨鱼也会毫不嘴软地从大型猎物身上撕下肉块。

游泳健将

粒骨鱼娇小的体形使其体态十分轻盈，能够在水中快速游动。它们有强壮有力的尾巴，不仅能在水中保持身体的平衡，还能控制方向，因此，粒骨鱼是湖泊中的游泳健将。

捕食工具

粒骨鱼没有前齿，但是嘴部后端有很多尖锐的骨质牙齿。粒骨鱼的牙齿磨损十分严重，从这一点上可以看出，粒骨鱼可能将大部分时间都用在了捕食上，而且牙齿是其主要的捕食工具。

揭晓答案

粒骨鱼袖珍的体形使其在直接面对猎物的时候并不占据身体优势，因此粒骨鱼在捕食的时候常常采用守株待兔的方法。它们躲在岩石或者海床后面，等待伏击猎物。

眼睛特点

粒骨鱼的眼睛位于头部两侧的前方，这使它们拥有较大的视野范围，帮助其更轻易地发现猎物和躲避敌人的侵害。

滑齿龙

强大的海洋猛兽

英国BBC推出的《与恐龙共舞》纪录片曾将滑齿龙描述成体长25米、重量150吨的巨型海洋猛兽，但滑齿龙体形的大小需要有更多完整化石的出土才能最终确定。可以肯定的是，在侏罗纪晚期的海洋中，几乎没有比滑齿龙更大的海洋生物，所以滑齿龙是这一时期海洋中的绝对霸主。

游泳方式

滑齿龙身体粗壮，依靠四片桨状鳍的摆动获得前进的动力。滑齿龙的游泳速度可能并不快，但它们在水中也算是灵活的猎手。滑齿龙的游泳动作是优美而协调的，当前肢向上抬时，后肢则向下拉；当前肢向下摆动时，后肢则向上。前后肢交替下冲的方法给滑齿龙带来了持续前进的动力。

尖锐的牙齿

滑齿龙的上下颚很长，而且长满了锐利的牙齿。当滑齿龙咬住猎物后，无论猎物如何扭动身体，它们都不会轻易让猎物逃脱。

趣味问题

滑齿龙除了锐利的牙齿之外，还有什么捕食优势呢？

你知道吗

滑齿龙有两个鼻腔，良好的嗅觉使它们具有明显的方向感。生活在陆地上的爬行动物都是通过空气中的气味判断食物的方位，而滑齿龙是将水吸入鼻腔，从中分辨猎物的气味，以此确定猎物的方位。

生活方式

　　滑齿龙与现今鲸鱼的生活方式很相似，它们会经常浮出水面呼吸，除此之外，它们一生都在海中活动。另外，滑齿龙是卵胎生动物，繁殖季节到来的时候，滑齿龙会在浅海海域产崽。

吃相难看

滑齿龙的食谱很杂，任何体形比它们小的海洋动物都可能成为它们的猎物。滑齿龙进食时，有时甚至不咀嚼，而是将猎物整个一口吞下，我们实在对滑齿龙那急不可待的吃相不敢恭维。

揭晓答案

滑齿龙会利用嗅觉判断猎物的位置，然后埋伏在海底，利用长在头顶的眼睛观察猎物的活动。一旦时机成熟，滑齿龙便猛地发动突袭，捕获猎物。

97

薄片龙

趣味问题

薄片龙的身体结构限制了其游泳的速度，那么薄片龙是怎样捕食的呢？

样子古怪

薄片龙的样子十分古怪，它们的脖子很长，长着和长颈不成比例的小脑袋和身子，因此有人说它们就像长着超长脖子的侏儒。薄片龙体形巨大，主要依靠四个像桨一样的鳍状肢在水中游动。

你知道吗

?

　　薄片龙会经常到海底寻找并吞食小鹅卵石，这样做的目的是帮助磨碎胃里的食物，同时还可以增加薄片龙自身的重量，以便于在海中游动。

长脖子的困扰

薄片龙的脖子长度几乎占整个身长的一半，很多人认为薄片龙会高举脖子在海中捕食，但事实上，薄片龙是很难做出这种动作的，因为它们的重心在前肢附近，身体根本没有足够的力量抬起长而重的脖子。

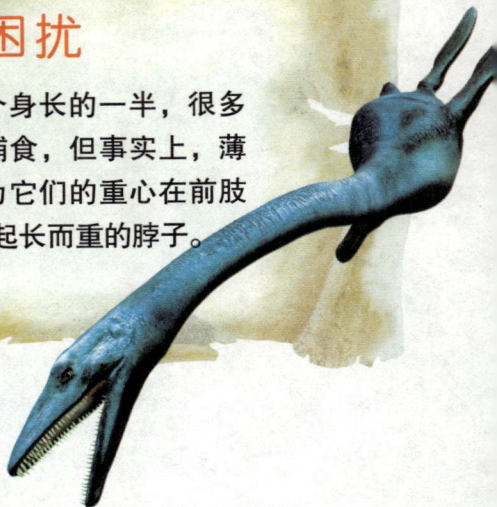

生活习性

薄片龙主要生活在开放性海域，薄片龙的四肢很不灵活，很难爬上岸，因此它们很可能会像现在的海蛇一样，直接在水中产卵。

揭晓答案

薄片龙的游泳速度缓慢，它们会事先埋伏在隐蔽的地方，等到有猎物经过的时候，便悄悄跟踪，趁猎物放松警惕的时候发动突然袭击。

对家庭负责

研究显示，薄片龙会长途跋涉来寻找伴侣和繁殖地，并且它们会抚养幼崽直到幼崽能够独立生存为止。

狂齿鳄

鳄鱼的外表

狂齿鳄生活在三叠纪晚期的欧洲，是一种大型海生爬行动物，身长约3米。狂齿鳄长得很像今天的鳄鱼，尤其与现在的恒河鳄很相似。但由于狂齿鳄前端的牙齿较大，所以它们的鼻孔更接近眼睛。

骨质鳞甲

狂齿鳄的背部、身体两侧以及尾巴上都覆盖着骨质鳞甲，这不仅能起到很好的防御作用，也能成为其攻击猎物的武器。

趣味问题

生活在水中的狂齿鳄会采用什么方法来捕食陆地上的动物呢？

凶猛贪婪

狂齿鳄是一种非常活跃的猎食者，性情凶猛且十分贪婪。狂齿鳄的食量很大，它们有时会攻击水边的陆地动物，因为陆地动物的体形相对较大，能够一次性满足它们的进食需要。

水中生活

　　狂齿鳄不仅长得像鳄鱼，它们的生活习性也很像鳄鱼。狂齿鳄一生中的大部分时间生活在水里，靠捕捉鱼类为食。

揭晓答案

　　狂齿鳄十分狡猾，在捕食陆地上的动物时，它们会潜伏在水中，只将鼻孔露出水面，从水下监视路过的动物，并伺机对猎物发动攻击。

大众文化

　　狂齿鳄是一种比较著名的爬行动物，因此它们会经常出现在电视节目中。《恐龙纪元》节目中曾讲述了狂齿鳄猎食腔骨龙的过程，狂齿鳄也曾出现在《动物末日》节目中。

胸脊鲨

　　胸脊鲨生存于泥盆纪晚期至石炭纪，其最大的外形特点是长有一个形似铁砧的背鳍。胸脊鲨体长0.7~2米，在远古海洋中它们并不算是大型猎食者，但这种生物性情凶猛、行动敏捷，是不折不扣的杀戮高手，但它们也有天敌，那就是凶猛的邓氏鱼。

趣味问题

你知道胸脊鲨怪异的背鳍有什么作用吗？

浅水区觅食

　　胸脊鲨一般在近岸的浅水区游弋并觅食,它们的食物包括小鱼、甲壳类动物和菊石等。古生物学家推断胸脊鲨可能有迁徙的习性,它们会在繁殖季节回到特定地点进行交配、繁殖。

可怕的鳞刺

　　胸脊鲨的头顶和背鳍顶部长满了粗糙的、呈齿状的鳞刺。这种鳞刺的展示作用明显弱于背鳍。因此，这些坚硬的鳞刺最大的作用是在抵御大型猎食者的过程中给敌人造成大面积的伤害。

揭晓答案

只有雄性胸脊鲨才长有怪异的背鳍，古生物学家据此推测背鳍可能是雄性胸脊鲨炫耀自己、吸引异性的工具。

你知道吗

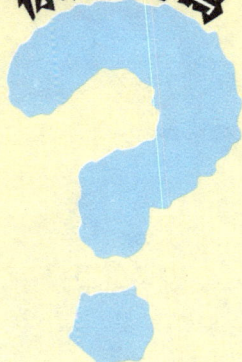

胸脊鲨所生存的泥盆纪是古生代的第四个纪，约开始于 4.05 亿年前，结束于 3.5 亿年前，持续约 5 000 万年。泥盆纪时期的陆地面积扩大，陆生植物大面积出现，鱼形生物空前发展，两栖动物开始出现，总体呈现出生机勃勃的生态画面。

利兹鱼

　　古生物学家虽然已经发掘出了几条利兹鱼的化石，但是完整的脊椎骨化石还没有被发掘，因此目前利兹鱼具体的体形还是未知。但古生物学家研究后发现，利兹鱼的身躯庞大，可能是有史以来最大的硬骨鱼类。

抵御猎食者

　　利兹鱼生活在侏罗纪中期的海洋，那时的海洋中已经有了很多强大的猎食者。利兹鱼虽然没有抵御猎食者的武器，但是依靠它们庞大的身躯，它们还是很难被猎杀的。猎食者可能要发动多次进攻，才能杀死一只成年的利兹鱼。

趣味问题

你知道利兹鱼的进食习惯是怎样的吗？

温柔无害

上天给了利兹鱼庞大的身材，却没有给它们凶猛的个性。这种庞然大物只捕食水中的浮游生物，对大多数海生动物来说都没有威胁。但是它们自己却成为了巨大海生动物的捕食对象。

生长缓慢 >>>

成年利兹鱼能长到 9~10 米长，但是利兹鱼的生长速度十分缓慢，它们需要 20~25 年的时间才能长到成年。

天 敌

古生物学家在已被发掘的利兹鱼化石上发现，这条利兹鱼在生前曾遭受过滑齿龙的攻击。滑齿龙可能会群体围攻一只利兹鱼。

揭晓答案

利兹鱼与鲸鲨一样，都是靠浮游生物过活的。利兹鱼会先吸入含有浮游生物的水，然后闭上嘴，利用鳃把浮游生物从水中滤出来，并把水吐出去。

蛇颈龙

蛇颈龙主要有两种类型：一种是长颈蛇颈龙，另一种是短颈蛇颈龙。长颈蛇颈龙看上去就像一条蛇穿过一个乌龟壳：它们的头部很小；身躯像乌龟一样宽而扁；颈部修长，可以弯曲；尾巴较短，呈锥状。短颈蛇颈龙的头部较大，颈部很短，长长的嘴巴里长满了尖锐的牙齿，身体十分粗壮。

趣味
问题

白垩纪末期，蛇颈龙逐渐失去了海洋霸主的地位，这种条件下它们如何维持生存呢？

揭晓答案

在白垩纪末期，为了能在水中捕捉足够的猎物，蛇颈龙改变了自己的猎食方式，它们逐渐放弃了猎食游鱼类，而是来到海底觅食软体动物和甲壳类动物。

海洋主宰者

在很长一段时间，恐龙都统治着陆地，而海洋则被蛇颈龙统治着。蛇颈龙是一种生活在海洋中的大型肉食性动物，主要捕食鱼类。捕食的时候，它们会接近鱼群，通过摆动长长的脖子捉住猎物。

你知道吗

作为一种海洋生物，蛇颈龙有绝大部分时间是在海洋中度过的，而且蛇颈龙有"洁癖"，它们对生存区域内的水质条件要求很严格。除了在海洋中捕食和生活，蛇颈龙还会爬上海滩，到陆地上休息或产卵。

繁殖方式

　　与大多数爬行动物卵生的繁殖方式不同，蛇颈龙通过卵胎生的方式繁殖后代，而且，蛇颈龙一次只能产下一个幼崽。古生物学家曾发现一具腹中有幼崽的雌性蛇颈龙化石，幼崽体形较大、骨骼完整，不可能是蛇颈龙吞食的，这一发现直接证明了蛇颈龙卵胎生的繁殖方式。

食物多样

　　蛇颈龙的食物范围其实是很广泛的。古生物学家在研究了蛇颈龙的化石后发现，蛇颈龙的胃中残留着蛤蜊、螃蟹，以及其他海洋动物的化石。这表明，蛇颈龙的食谱丰富而多样。

胃石之谜

　　科学家们在蛇颈龙胃部的化石中发现了很多小石头，他们认为，蛇颈龙长长的脖子与身躯不成正比，特殊的身体构造使它们不能完全潜入水中，因此蛇颈龙必须吞下大量的胃石来增加体重，以确保自己能在水中游动。在澳大利亚出土的一具蛇颈龙化石中，其胃部的胃石数量竟然达到了 135 块。

旋齿鲨

独特的牙齿

提起旋齿鲨，不得不说的就是它们那锯齿一般呈半圆形分布的牙齿，它们的牙齿就像圆形铁锯，仿佛要将眼前的猎物卷进自己的嘴中并锯成两半。在旋齿鲨身上，最吸引人的部位同时也是引起争议最大的部位就是旋齿，因为除了旋齿鲨之外的任何一种生物都不曾长有这样的牙齿，所以，旋齿的进化和消失成为了人们争论不休的话题。

旋齿的外形

从表面上看，旋齿鲨的旋齿外形与菊石相似，旋齿鲨很可能是利用这样的身体特点，在菊石聚集的地方，用旋齿作伪装，趁机捕食菊石。

研究现状

迄今为止，人们对于旋齿鲨的研究已有百年之久，相关的论文超过两百篇。但因为完整的骨骼化石还没有被发现，古生物学家只能通过研究零碎的旋齿鲨化石对其螺旋排列的奇妙牙齿进行了解。

趣味问题

旋齿鲨拥有如此特别的牙齿，它们是怎么捕食的呢？

旋齿的生长位置

　　根据现有的对旋齿鲨的了解，多数古生物学家认为旋齿鲨的旋齿应该是生长在下颌骨上，因为这一部位有足够的空间容纳旋齿，而且左右颌骨之间的软骨能够支撑旋齿并保证旋齿能在一定范围内活动。

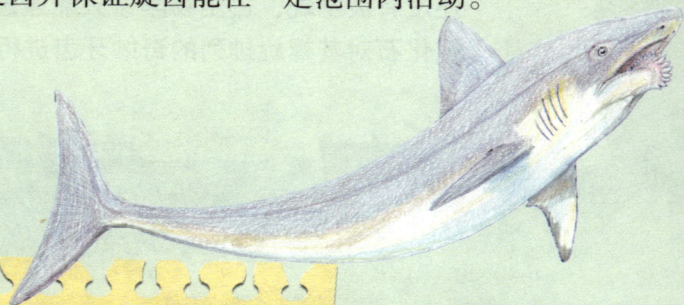

中国的旋齿鲨

　　旋齿鲨生存于二叠纪晚期至三叠纪早期，古生物学家在中国浙江长兴发现了旋齿鲨，另外，在湖南嘉禾和西藏地区也有旋齿鲨化石被发现，这证明旋齿鲨曾经分布广泛。

揭晓答案

　　旋齿鲨张开嘴的时候，旋齿就会露出，能协助上颌牙齿咬住猎物，甚至咬断猎物；当旋齿鲨闭上嘴的时候，旋齿就会收回并将食物推进口中。

附：失败的滋味

一天，霸王龙正在河边喝水。

一只优椎龙出现了。

这里是我的领地，我是这里的王。

我才是最棒的恐龙。

两只恐龙互不相让，打斗在一起。

霸王龙还很年轻，他被打败了。

霸王龙沮丧极了，他来到河边。

一只翼龙告诉霸王龙失败或许并不是坏事。

失败就像海上的风浪，它能让你变得坚强。

谢谢你，我一定会成为最棒的恐龙。

图书在版编目（ＣＩＰ）数据

致命偷袭：横行海洋的凶猛蛇颈龙 / 崔钟雷编著
. -- 北京：知识出版社，2014.9
（恐龙大追踪）
ISBN 978-7-5015-8209-9

Ⅰ．①致… Ⅱ．①崔… Ⅲ．①恐龙 - 普及读物 Ⅳ.
①Q915.864-49

中国版本图书馆 CIP 数据核字(2014)第 214159 号

恐龙大追踪——致命偷袭：横行海洋的凶猛蛇颈龙

出 版 人	姜钦云	
责任编辑	李易飚	
装帧设计	稻草人工作室	
出版发行	知识出版社	
地　　址	北京市西城区阜成门北大街 17 号	
邮　　编	100037	
电　　话	010-88390659	
印　　刷	北京一鑫印务有限责任公司	
开　　本	889mm×1194mm　1/16	
印　　张	8	
字　　数	80 千字	
版　　次	2014 年 9 月第 1 版	
印　　次	2020 年 2 月第 3 次印刷	
书　　号	ISBN 978-7-5015-8209-9	
定　　价	28.00 元	